SECHSTER JAHRESBERICHT

DER

WISSENSCHAFTLICHEN GESELLSCHAFT IN STRASSBURG

ERSTATTET

BEI DER JAHRESVERSAMMLUNG AM 6. JULI 1912

VON

HARRY BRESSLAU.

STRASSBURG
VERLAG VON KARL J. TRÜBNER
1912.

Hochansehnliche Versammlung!

Zum sechsten Male tritt heute, an dem Tage, an dem sie vor 6 Jahren gegründet worden ist, unsere wissenschaftliche Gesellschaft in festlicher Sitzung zusammen, um über den engeren Kreis ihrer Mitglieder hinaus vor einer stattlichen Anzahl von Gästen, der wir für die Ehre, die sie uns durch ihr Erscheinen erweisen, herzlich danken, Rechenschaft abzulegen über Freude und Leid, über Arbeit und Wirksamkeit des abgelaufenen Jahres.

Als unsere Gesellschaft im Juli 1906 entstand, war sie die einzige, die in den rheinischen Landen mit bescheidenen Mitteln, aber mit redlichem Willen und mit der Hoffnung auf tatkräftige Unterstützung, die uns nicht getäuscht hat, den Zielen zustrebte, die im Norden und Osten unseres Reiches in Berlin und Leipzig, Göttingen und München altgewurzelte Akademien und gelehrte Gesellschaften verfolgten: Förderung wissenschaftlicher Untersuchungen auf allen Wissensgebieten durch Organisation der Arbeit und Bereitstellung der materiellen Mittel, ohne welche jene nicht ausgeführt werden können. Seither ist der staunenswerte wirtschaftliche Aufschwung Deutschlands nicht nur im Norden des Vaterlandes solchen Bestrebungen vielfach zugute gekommen, wo 1907 die Hamburgische Wissenschaftliche Stiftung und 1910 die Kaiser Wilhelm-Gesellschaft zur Förderung der Wissenschaft ins Leben getreten sind, beide mit reichsten Mitteln ausgestattet und in vornehmster Weise geleitet, sondern auch in Mitteldeutschland und im rheinischen Gebiet hat sich die Gunst freigebiger Mäcene in erfreulichster Weise in gleichem Sinne betätigt und gezeigt, daß die Besitzer der großen Vermögen, die sich bei uns im Laufe der letzten Jahrzehnte gebildet haben, des Wortes, daß nicht bloß der Adel, sondern auch der Reichtum verpflichtet, sich bewußt geworden sind. In Leipzig ist die Gründung von reinen Forschungsinstituten, die mit der Universität in einer noch näher zu bestimmenden Weise verbunden werden sollen, in die Wege geleitet; in der süddeutschen Handelsmetropole Frankfurt hat die ideal-gesinnte Tatkraft eines Mannes alle Hindernisse, die sich der Gründung einer städtischen und modernen Universität in den Weg stellten, zu überwinden gewußt und gewaltige Summen für eine so große Aufgabe zusammenzubringen verstanden; in Heidelberg ist 1909 eine neue Akademie der Wissenschaften entstanden, organisiert nach dem Muster der älteren Anstalten gleicher Benennung; und in Freiburg tritt eben jetzt eine wissenschaftliche Gesellschaft ins Leben, die, wiederum in andere Daseinsform gekleidet, sich ähnliche oder gleiche Ziele wie unsere Gesellschaft gesteckt hat. Lassen Sie mich heute die Hoffnung aussprechen, daß wie die drei oberrheinischen Universitäten seit langen Jahren erfreuliche freundnachbarliche Beziehungen zu einander unterhalten haben, so auch die wissenschaftlichen Gesellschaften, die sich an diese drei Hochschulen anlehnen, in dem gleichen freundlichen Verhältnis miteinander und nebeneinander wirken, und, bei aller Wahrung der Selbständigkeit der einzelnen Institute, doch vielleicht einmal in Zukunft zur Lösung besonders großer und schwieriger Aufgaben, die über die Kräfte und Mittel eines einzelnen von ihnen hinausgehen, sich in gemeinsamer Tätigkeit zusammenfinden mögen.

Unserer Gesellschaft erwachsen besondere Schwierigkeiten und Aufgaben aus den besonderen Verhältnissen unseres Landes, in dem man bisher weniger als in den meisten anderen deutschen Mittelstaaten darauf bedacht, vielleicht auch weniger in der Lage gewesen ist, rein wissenschaftliche Forschungen aus öffentlichen Mitteln energisch zu fördern und zu unterstützen. Entstehen für uns aus dieser Sachlage besondere Verpflichtungen und haben wir dessen ungeachtet bisher darauf verzichtet, staatliche Hilfe zu ihrer Erfüllung zu erbitten, so dürfen wir doch wohl den bescheidenen Wunsch aussprechen, daß der Staat, an dessen Stelle wir mit unseren privaten Mitteln zu treten bemüht sind, uns nicht länger auf dem Wege der Steuererhebung einen nicht ganz unbeträchtlichen Teil dieser Mittel entziehe, und daß die bevorstehende Steuerreform, die eben jetzt unsere Landesvertretung beschäftigt, auch uns wenigstens in dieser Weise eine fühlbare Erleichterung verschaffen möge.

Daß wir die ersten Hindernisse, die nach dem Fälligwerden des großen Trübnerschen Legats aus solcher Steuerlast unserer Arbeit im Wege standen und uns für eine Reihe von Jahren zur Beschränkung unserer Tätigkeit auf kleinste Dinge zu nötigen drohten, glücklich überwinden konnten, das verdanken wir der Klugheit und Aufopferung des Mannes, der heute nicht mehr an dieser Stelle und in unserer Mitte zu sehen wir alle schmerzlich beklagen. Indem Theobald Ziegler, wie heute auch öffentlich ausgesprochen werden soll, uns die beträchtliche Summe, die wir für die Erbschaftssteuer zu zahlen hatten, in uneigennützigster Weise als Darlehen zur Verfügung gestellt hat, hat er sich ein Verdienst um unsere Gesellschaft erworben, das zu allem übrigen, was er für sie getan hat, hinzutretend, ihm für alle Zeiten den Anspruch auf unsere wärmste und aufrichtigste Dankbarkeit gibt.

Und wenn er seit dem 1. Oktober des vorigen Jahres aus der Reihe der ordentlichen in die der auswärtigen Mitglieder übergetreten ist, so wissen wir, daß er der unsere bleibt und auch heute im Geiste bei uns weilt.

Außer ihm ist Herr Schramm von uns geschieden und zu den auswärtigen Mitgliedern übergetreten, nachdem ihn seine Beförderung zum General von Metz nach Pirna abberufen hat. Ganz verloren haben wir Gustav Gröber, den großen Meister der romanischen Sprachwissenschaft an unserer Hochschule, den der Tod von langen und schweren Leiden milde erlöst hat, und seinen Nachfolger Wilhelm Cloetta, dem ein grausamhartes Geschick nur eine kurze Wirksamkeit unter uns beschieden hat: wir werden beider in steter Treue gedenken. Durch die im Laufe des Jahres vollzogenen Wahlen hat unsere Gesellschaft eine erfreuliche Verstärkung der Zahl und der Kräfte ihrer Mitglieder erhalten: es wurden als ordentliche Mitglieder aufgenommen die Herren Heinrich, Klostermann, Küchler, Laqueur, Plasberg, Schultz, Schultz-Gora, Stapper, Störring, Uhlenhuth, Wenckebach von der Universität, ferner Herr Wirkl. Geheimrat Dr. Back, Excellenz, der Kurator unserer Universität, Herr Geh. Rat Dr. Ernst aus Metz und Herr Geh. Rat Prof. Dr. Hecker, der Direktor unserer Erdbebenstation, endlich als auswärtiges Mitglied unser früherer Kollege, Herr Otto Mayer in Leipzig. Ich begrüße die neu eingetretenen Mitglieder, von denen sich die meisten heute zum ersten Male unter uns befinden, herzlich und hoffe, daß sie an unseren Interessen und Arbeiten gern und eifrig teilnehmen werden.

Über diese Arbeiten zu berichten, gereicht mir heute zu besonderer Freude. Von unseren Schriften sind nicht weniger als 5 Hefte erschienen: zwei philologische von Herrn Leumann: Zur nordarischen Sprache und Literatur, und von Herrn Nöldeke: Burzōes Einleitung zu dem Buche Kalila wa Dimna; eine ägyptologisch-juristische über einen Erbstreit aus dem ptolemäischen Ägypten handelnde Schrift, zu der sich die Herren Gradenwitz, Preisigke und Spiegelberg verbunden haben, die rechtswissenschaftliche Abhandlung des Herrn Rehm über die juristische Persönlichkeit der standesherrlichen Familie; die auf dem Gebiet der neueren Geschichte sich bewegende Rede über das tausendjährige Jubiläum der deutschen Selbständigkeit, die ich in der Festsitzung des vorigen Jahres hier vortragen durfte, endlich die prachtvolle Publikation des Alexandersarkophags aus Sidon, die uns Herr Winter geschenkt hat, und die unserer Gesellschaft seitens der Institute, mit denen wir im Schriftentausche stehen, über das hergebrachte Maß weit hinausgehende Bezeugungen lebhaftester Dankbarkeit eingetragen hat. Solchen Austauschverkehr haben wir mit den Akademien zu Berlin, Heidelberg, Kopenhagen, München, Wien und mit den Gesellschaften der Wissenschaften zu Göttingen, Leipzig und Upsala, sowie mit der Universität

Beirut angeknüpft. Weitergehende Anträge auf Ausdehnung der Tauschverkehre aber, wie sie mehrfach aus dem In- und Auslande an uns gelangt und uns ein erfreuliches Zeichen der Wertschätzung unserer Publikationen geworden sind, hat Ihr Ausschuß ablehnen zu sollen geglaubt, da die Anlage einer Bibliothek der Gesellschaft nicht beabsichtigt wird. Soweit die bei uns eingegangenen Tauschschriften nicht für die Universitäts- und Landesbibliothek, mit der wir in den besten Beziehungen stehen, benötigt sind, werden sie auf Beschluß der Mitgliederversammlung an die Universitäts-Institute und -Seminarien, für die sie von Interesse sind, als Geschenk der Gesellschaft verteilt; wir freuen uns, so der Universität unsere Dankbarkeit für die gütige Überlassung ihrer schönen Räume für unsere Versammlungen auch durch die Tat bezeugen zu können.

Wie schon mein Vorgänger in dem letzten Jahresberichte angeführt hat, ist in der Verbreitung unserer Schriften insofern eine Veränderung eingetreten, als diese jetzt auf Kosten der Gesellschaft gedruckt und im Kommissionsverlage von K. J. Trübner veröffentlicht werden. Legt uns diese Art der Publikation zunächst erhöhte Ausgaben auf, so haben wir dafür auch Einnahmen zu erwarten, und wir können den ersten erfreulichen Eingang von 1368 Mark aus dem Erlös für das 9. und 11. Heft unserer Schriften schon jetzt verzeichnen. Mit besonderem Danke aber müssen wir auch an dieser Stelle des fürsorgenden Interesses gedenken, das die Buchhandlung, die uns so nahe verbunden ist, für jetzt noch ohne jeden eigenen Nutzen und mit opferwilliger Hergabe ihrer Arbeitszeit und -kraft, der Herstellung und Verbreitung unserer Schriften widmet, um deren geschmackvolle Ausstattung sich vornehmlich unser Schriftführer, Herr Ficker, verdient gemacht hat.

Von den größeren wissenschaftlichen Unternehmungen unserer Gesellschaft ist die wichtigste und umfangreichste die Vorbereitung der Ausgabe der Akten der älteren ökumenischen Synoden, der griechischen Konzilskanones und des Corpus der Schriften des Athanasius, die unser Mitglied Herr Schwartz leitet, in erfreulichster Weise fortgeschritten. Ein eingehender Bericht von Herrn Schwartz, der diesem Jahresberichte im Drucke beigegeben werden wird, macht ausführliche und höchst interessante Mitteilungen über den Stand der Arbeiten im einzelnen, über die bisher unternommenen Reisen, über die Untersuchung zahlreicher Handschriften, die wir seiner unermüdlichen Arbeitskraft schon jetzt verdanken, und über die wichtigsten Aufgaben, die noch zu lösen sind. Indem ich auf diesen Bericht verweise, füge ich nur noch die überaus erfreuliche Mitteilung hinzu, daß wir den Beginn des Druckes des 3. Teiles der Konzilsakten, der die Akten der Synode von 536 zu Konstantinopel-Jerusalem (besser die Sammlung in Sachen des Monophysitismus) enthalten und mit dem die Ausgabe zuerst an die Öffentlichkeit treten soll, wohl schon in dem heute anhebenden Geschäftsjahr erwarten dürfen. Die Fortsetzung dieses wichtigen, aber auch kostspieligen Unternehmens wird dadurch erleichtert, daß uns die Repräsentation der Cunitzstiftung, der wir schon so reichlichen Dank schulden, auch für die drei nächsten Jahre 1913—1915 einen Beitrag von je 1500 Mark dafür bewilligt hat.

Schon begonnen hat der Druck des Sammelbuches griechischer Urkunden aus Ägypten, das Herr Preisigke herausgibt, und zwar mit dem die Texte enthaltenden ersten Bande, der in zwei Halbbänden ausgegeben werden soll. Für ein drittes im abgelaufenen Jahre beschlossenes Unternehmen, einen Index verborum zu den Novellen ad codicem Theodosianum pertinentes, der von der juristischen Welt mit besonderer Freude begrüßt werden wird, hat uns unser Mitglied, Herr v. Tuhr, eine abermalige gütige Spende von 3000 Mark geschenkt, wofür wir ihm aufs neue unseren herzlichen Dank aussprechen. Die Leitung des Unternehmens hat Herr Gradenwitz übernommen; die Arbeiten für die Verzettelung der Worte wurden von Königsberger Heimarbeiterinnen ausgeführt und von Frau Prof. Schellwien daselbst in freundlichster Güte, für die wir ihr sehr dankbar sind, überwacht. Auch über diese beiden Untersuchungen werden besondere Berichte diesem Jahresberichte beigefügt werden. Endlich wird außerhalb der gewöhnlichen Folge unserer Schriften noch eine vierte Publikation vorbereitet, ein von den Herren Keil und Winter herauszugebendes Gedenkbuch an die Lebensarbeit unseres unvergeßlichen ersten Präsidenten Adolf Michaelis, das allen Mitgliedern der Gesellschaft zugehen soll. Es wird neben biographischem Material ein vollständiges Verzeichnis der Schriften von Michaelis enthalten und so zu seinem Teile dazu dienen, die einzigartige Stellung, die Michaelis in seiner Wissenschaft und an unserer Hochschule eingenommen hat, vor aller Augen klar ins Licht zu stellen.

Mit anderen wissenschaftlichen Instituten zusammen sind wir auch im abgelaufenen Jahre an der Herstellung des Thesaurus linguae latinae durch eine jährliche Subvention von 600 Mark und an dem deutschen Kartell zur Erwerbung von ägyptischen Papyri beteiligt gewesen; doch hat uns die über der Verlosung der erworbenen Papyri waltende Glücksgöttin in diesem Jahre nicht begünstigt. Nachdem durch den Austritt der Berliner Papyruskommission aus jenem Kartell eine neue Organisation desselben nötig geworden war, haben darüber in Frankfurt im April Beratungen der beteiligten Institute stattgefunden, bei denen unsere Gesellschaft durch die Herren Keil und Spiegelberg mitvertreten war. Es sind hier die Grundlagen eines neuen Statuts für das Kartell vereinbart worden, doch sind die Verhandlungen darüber nicht abgeschlossen, und weitere Mitteilungen müssen dem nächsten Jahresbericht vorbehalten werden.

Private Unterstützungsgesuche für wissenschaftliche Arbeiten sind seit der letzten öffentlichen Versammlung nicht zur Behandlung gelangt; ein erst vor wenigen Wochen eingegangenes wird die heutige Mitgliederversammlung beschäftigen. Aus den von der philosophischen Fakultät der wissenschaftlichen Gesellschaft zur Verfügung gestellten Mitteln der Engelmannstiftung ist dem wissenschaftlichen Hilfslehrer Dr. Heinrich Eber (z. Zt. in Philippsburg) der Betrag von 1050 Mark zur Förderung seiner Studien über Hegel bewilligt worden. Den gleichen Betrag hat uns die Fakultät in ihrer letzten Sitzung wiederum überwiesen; über seine Verwendung wird die Mitgliederversammlung im November dieses Jahres zu beschließen haben.

Bei der Jubelfeier der Universität Christiania hat Herr Ehrhard unsere Gesellschaft zu vertreten die Güte gehabt und unsere Glückwünsche überbracht. Eine Einladung der Academy of natural sciences zu Philadelphia, einer der ältesten gelehrten Gesellschaften der Vereinigten Staaten, zu ihrem hundertjährigen Stiftungsfeste, haben wir durch ein Glückwunschschreiben beantwortet.

In der Novembersitzung der Gesellschaft hat Herr Jost uns durch einen ungemein interessanten und fesselnden Vortrag über Empfindung im Pflanzenreich erfreut; in der Februarsitzung hat der Herrscher des Staatsrechts, Herr Laband, uns in die mannigfachen Wandlungen der Verfassung Elsaß-Lothringens in klarer und anziehender Darlegung eingeführt. Heute werden wir die Freude haben, einen Vortrag des Herrn Hofmeister über chemische Steuerungsvorgänge im Tierkörper zu hören.

So liegt wieder ein Jahr hinter uns, reich an Arbeit, und, wir hoffen es, nicht ganz arm an Erfolgen. Unsere freie Organisation, die von allem akademischen Pomp absieht, und uns nach allen Seiten hin, was in unserem Lande besonders wertvoll ist, die volle Unabhängigkeit sichert, scheint sich dauernd zn bewähren, und ich hoffe, wir werden sie nicht aufgeben. Sie läßt aller Tätigkeit Raum und sie schließt jeden Ehrgeiz aus, außer dem berechtigten, dem Ganzen zu dienen. Wenn wir an dem ebenso bewährten Grundsatz festhalten, unsere Kräfte zusammenzuhalten, kein Unternehmen zu beginnen, das wir nicht auch erfolgreich zu Ende führen können, und erst zu wägen, dann aber auch zu wagen, so werden wir auch in Zukunft ein bescheidenes, aber nützliches und geachtetes Glied in der großen Kette gelehrter Gesellschaften sein, auf die unser Volk stolz sein kann. Ein großer Wunsch aber für die Zukunft bleibt noch übrig und mag diesen Bericht beschließen. Die Zweckbestimmung der Trübnerschen Stiftung hat es mit sich gebracht, daß unsere Tätigkeit, soweit sie zu gedruckten Publikationen geführt hat, fast ausschließlich auf das Gebiet der historisch-philologischen und der verwandten theologischen und juristischen Disziplinen beschränkt bleiben mußte. Für kleinere Arbeiten aus mathematischem, naturwissenschaftlichem und medizinischen Gebiet konnten allerdings schon bisher Mittel flüssig gemacht werden und stehen uns solche auch in Zukunft zur Verfügung, aber für größere Unternehmungen dieser Art fehlen sie noch. Möchten sich in den Kreisen der mächtig aufblühenden Großindustrie und des Großhandels unseres Landes Männer finden, die, dem großherzigen Beispiel Karl Trübners folgend, uns auch hier zu lebhafterer Tätigkeit in den Stand setzen, in der Überzeugung, daß es in letzter Linie doch immer die stille und langsame Arbeit der Wissenschaft ist, der auch Industrie und Technik die gewaltigen Erfolge der jüngsten Jahrzehnte verdanken, und daß sie ebenso wohl für sich selbst wie für die Ehre des Landes arbeiten, wenn sie das Fortschreiten der wissenschaftlichen Erkenntnis fördern. Litteris et patriae ist so gut das Losungswort unserer Gesellschaft wie unserer Universität.

Bericht über die Edition der Konzilsakten

Erstattet von Eduard Schwartz

Im Jahre 1909 beschloß die Wissenschaftliche Gesellschaft, die folgenden Editionen vorzubereiten:

1. Die Akten der oekumenischen Synoden von der ephesischen des Jahres 431 bis zu der des Photius im Jahre 879/80. Eingeschlossen ist die Synode Konstantinopel—Jerusalem von 536, die in den Hss. fälschlich die 5. oekumenische [von 553] genannt wird.
2. Die griechischen Sammlungen der Konzilskanones.
3. Die Sammlungen der athanasianischen Schriften. Ausgeschlossen sind die Schriften, die einzeln überliefert und höchstens gelegentlich einer Sammlung angehängt sind, wie die Vita des Antonius und die Quaestiones ad Antiochum. Dagegen sind die Spuria, soweit sie in athanasianische Corpora eingedrungen sind, mit aufzunehmen; alle Corpora athanasianischer Schriften sind erst geraume Zeit nach Athanasius' Tod zusammengestellt, und es gibt kein einziges, das nicht Unechtes enthielte.

Am weitesten war die Untersuchung der handschriftlichen Bestände durch andere schon gefördert für die zweite Abteilung. Hier hatte der Petersburger Akademiker Beneschewitsch in dem grundlegenden Werk über die Kanonessammlung der 14 Titel [St. Petersburg 1905, russisch] die handschriftliche Überlieferung dieser, im 6. Jahrhundert entstandenen Sammlung klargelegt; da der griechische Text der Kanones im wesentlichen auf dieser Sammlung beruht, war hier der Hauptteil der vorbereitenden Arbeit geleistet. Dasselbe mußte zunächst für die zweite, nicht chronologisch, sondern nach sachlichen Rubriken geordnete Sammlung des 6. Jahrhunderts, die des Johannes Scholasticus, geleistet werden, umsomehr als die beiden Sammlungen nicht selten verschmolzen sind. Niemand war berufener zu dieser Arbeit als Prof. Beneschewitsch selbst; es ist auch geglückt, ihn dafür zu gewinnen.

Dagegen ist für das athanasianische Corpus seit der Mauriner Ausgabe [Paris 1698] kaum etwas geschehen; die Übersichten über die athanasianischen Hss., die Wallis [Journal of theological studies III 1902] und v. d. Goltz [Text und Unterss. N. F. 14] gegeben haben, sind, so dankenswert sie sind, unvollständig. Der Unterzeichnete hat auf Reisen und beim

Durchsuchen der Kataloge eine sehr erhebliche Anzahl hinzugefunden; in zuvorkommender Weise haben G. Loeschcke in Göttingen (†) und Prof. G. Ficker in Kiel ihre Kollationen und Notizen zur Verfügung gestellt. Bearbeitet ist bis jetzt nur die bisher völlig unbekannte Hs. der Biblioteca Palatina in Parma Nr. 10 aus dem 12. Jahrhundert, die durch das Entgegenkommen des Kgl. italienischen Ministeriums nach Freiburg geschickt ist; ferner ist durch Herrn Jantsch die Handschrift des Athosklosters Vatopedi 6 photographiert. Die patmischen Hss. sind zwar durch Herrn Dr. Marc photographiert, doch sind die Photographien durch das noch zu berichtende Mißgeschick, das diese Expedition betroffen hat, zugrunde gegangen.

Der größte Teil der Arbeit und der Mittel ist auf die Vorbereitung für Nr. 1 konzentriert. Die Hss. sind meist in Freiburg untersucht; für das liberale Entgegenkommen der französischen und italienischen Unterrichtsministerien und der Bibliotheksverwaltungen in Paris, Montpellier, Mailand (Biblioteca della Brera), Parma, München, Wien, Cöln (Bibliothek des Domkapitels) sei an dieser Stelle der verbindlichste Dank ausgesprochen. Die Herren Prof. Dr. Lietzmann und Dr. F. von der Mühll haben wertvolle Inventarisierungen venetianischer Hss., Herr Prof. Ehrhard von Hss. der Athosklöster geliefert. Folgende Reisen sind im Interesse des Unternehmens ausgeführt:

Der Unterzeichnete ging im Herbst des Jahres 1910 nach Paris, Montpellier und Rom, wesentlich um die griechischen Hss. des Athanasius, der Kanones und der Konzilien zu inventarisieren; von den lateinischen Hss. der Konzilsakten und Dekretaliensammlungen sind die als wichtig schon bekannten ebenfalls inventarisiert, so weit es nötig war; von einer planmäßigen Durchforschung der riesigen Massen lateinischer Hss. in Paris und Rom mußte wegen Mangel an Zeit abgesehen werden; das ist also noch nachzuholen.

Besonders ertragreich war die Untersuchung der griechischen Konzilshandschriften im Vatikan, die durch die außerordentlich liberale und sachkundige Unterstützung der Herren Ehrle und Mercati, sowie die unermüdliche Bereitwilligkeit von Herrn Pio Franchi de' Cavalieri sehr erleichtert wurde. Es gelang, das Material, das für die erste und einzige nach den Hss. gemachte Ausgabe der griechischen Konzilsakten, die römische von 1592, benutzt wurde, nahezu vollständig wieder aufzufinden und so einen ersten Überblick zu gewinnen über ein seit Jahrhunderten völlig unbekanntes Gebiet.

Im Sommer und Herbst des Jahres 1911 gingen zwei Expeditionen ab, an denen sich die Straßburger wissenschaftliche Gesellschaft beteiligte. Dem Leiter des Instituts für technisch-wissenschaftliche Photographie, Herrn Jentsch, war der Auftrag gegeben, auf dem Athos die Athanasiushandschrift Vatopedi 6 und die Hs. der Akten der 7. Synode Lawra Θ 215 aufzunehmen. Die Aufträge sind ausgeführt, wenn auch nicht alle Aufnahmen brauchbar sind. Für die Hs. der Lawra hat das nichts zu bedeuten, da sie neben dem abendländischen Material keinen selbständigen Wert besitzt; dagegen ist für Vatopedi 6 eine Nachlese nötig, die aber leicht zu besorgen ist, da noch mehrere Hss. in Vatopedi aufgenommen werden müssen.

Ein sehr bedauerliches Mißgeschick hat die zweite Expedition, die Herr Dr. Marc nach Patmos zu gleicher Zeit unternahm, um einen guten Teil ihres Erfolges gebracht. Aus noch nicht aufgeklärten Ursachen, an denen Herr Dr. Marc jedenfalls völlig unschuldig ist, versagte das photographische Papier, das von einer Fabrik geliefert war, deren Erzeugnisse im Übrigen mit Recht sich des besten Rufes erfreuen: in überraschend kurzer Zeit trat in einer Weise wie es bisher noch nicht beobachtet ist, ein totaler Regreß des latenten Bildes ein, sodaß die auf diesem Papier gemachten Aufnahmen sich nicht mehr entwickeln ließen. Durch einen Zufall waren auch einige Rollen die eine andere Firma geliefert hatte, mitgenommen, die von jenem Fehler gänzlich frei waren. Herr Dr. Marc war es auf diese Weise möglich, die alten und wichtigen Kanoneshandschriften 172. 173. 174 vollständig, in vorzüglichster Weise aufzunehmen; sie sind Herrn Prof. Beneschewitsch leihweise überlassen, und er hat dafür seine Photographien des Sinait. 1690 [Akten von Chalcedon] mir zur Verfügung gestellt, ein Dienst, der um so höher zu bewerten ist, als Herr Beneschewitsch der einzige Gelehrte ist, dem die Mönche des Katharinenklosters gestattet haben, zu photographieren. Leider aber sind die Aufnahmen der beiden Athanasiushandschriften 3 und 4 (gegen 500 Blätter) aus der angegebenen Ursache zugrunde gegangen, und an eine zweite Expedition ist so bald nicht zu denken, erstens wegen des Krieges, zweitens weil unbegreiflicher Weise und nicht von den Mönchen selbst, sondern von einer höheren geistlichen Stelle aus das Photographieren untersagt ist, wie auf dem Sinai. Es wäre sehr zu wünschen, daß von der deutschen Botschaft in Konstantinopel aus auf das Patriarchat eingewirkt würde, um eine Zurücknahme dieses unsinnigen Verbots zu erwirken; eine gemeinschaftliche Vorstellung der deutschen Akademien beim Auswärtigen Amt wäre geeignet, die Aufmerksamkeit des Auswärtigen Amts auf diese für die Wissenschaft wirklich sehr wichtige Frage zu lenken. Ich stelle anheim, ob unsere Gesellschaft die Initiative ergreifen will.

Im Früjahr 1912 hat der Unterzeichnete die Bibliotheken von Verona, Brescia, Mailand (Ambrosiana) und Novara durchforscht und eine große Anzahl von photographischen Aufnahmen in Verona und Novara gemacht. Die Verwaltungen dieser Stiftsbibliotheken zeigten überall das liberalste Entgegenkommen; besonders sei hier der Hilfe der gelehrten Leiter der Ambrosiana und der Capitolare in Verona, Msgnr. Ratti und Cav. A. Spagnolo dankbar gedacht.

Ich zähle nunmehr auf, was bis jetzt für die griechische Überlieferung der Konzilsakten ermittelt ist, indem ich mich auf die Hss. beschränke, welche die gesamten Akten einer Synode enthalten. Die namentlich für die 3. und 4. oekumenische Synode recht zahlreichen Codices, die in verschiedenen Zusammenstellungen einzelne Stücke, wie die Briefe Cyrills oder den Tomus von Papst Leo enthalten, übergehe ich, obgleich sie bei der Inventarisierung stets mit berücksichtigt sind; das Material ist noch nicht so durchgearbeitet, um übersichtlich vorgelegt werden zu können.

1. Ephesus. Eine besondere Rezension stellen dar *)Coislin 32 (s. XII) und die beiden Parallelhss. Monac. *115 und *116, die aus demselben Original am Ende des 16. Jahrh. abgeschrieben sind. Eine in Anordnung und Text davon verschiedene Gruppe bilden der Paris. 416 s. XVI [z. Teil photographiert], als bester Vertreter, neben dem Vatican. 2179 und Ottobon. 23 wertlos sind, und die Parallelhss., ebenfalls aus dem 16. Jahrh., Monac. 40 und, das bessere Exemplar der beiden, *Monac. 43. Die in beiden Hss. fehlenden Aktenstücke am Schluß sind in den *Monac. 27 und *45 vorhanden. Dem liederlich und inkorrekt geschriebenen Parisin. 417 [z. T. photographiert], dessen spezielle Fehler den Apparat nicht belasten dürfen, kommt eine Sonderstellung zu, da er in sehr guten Lesungen mit der Rezension des Coislin. 32 zusammentrifft. Endlich vertritt der Vatican. 830, von dem Ottobon. 49 und Vat. 1177 abstammen, eine dritte Rezension, die der des Paris. 416 am nächsten steht, ohne mit ihr identisch zu sein; sie ist die reichhaltigste von allen. Zu untersuchen sind noch eine Bombycinhs. des 13. Jahrh. zu Athen, im Besitz der Χριστιανική ἀρχαιολογική ἑταιρία [Nr. 9], ferner Scorial. X 11 7 [1588 geschrieben] und Ambros. M 88 sup. (nur einzelne Stücke enthaltend), endlich der Vindobon. theol. 40 [nur einzelne Aktenstücke enthaltend] und der für die Cyrilliana wichtige Paris. 1308 [1389 geschrieben], um nur die wichtigsten Codices anzuführen.

2. Chalcedon. Hier liegen zwei alte Hss. vor, Venet. 555 s. X/XI und *)Vindobon. hist. gr. 275, s. XII, die jeder eine gesonderte Rezension enthalten. Wie der Vatic. 831 [Original des Vat. 1178] und der Ottob. 29 sich zu diesen beiden Rezensionen verhalten, bleibt noch zu untersuchen, ebenso die Stellung des (in Photographie vollständig vorliegenden) Sinait. 1690, der nur die erste Sitzung enthält. Ein großes Stück dieser Sitzung steht auch im Paris. 415, dessen verloren gegangene Blätter aus seiner Abschrift, dem Ven. 165 ergänzt werden können.

3. Konstantinopel—Jerusalem 536 oder vielmehr die von Maaßen [Gesch. d. Quellen und Litt. d. kanon. Rechts 753] s. g. Sammlung in Sachen des Monophysitismus; zu dem von Maaßen richtig angegebenen Inhalt muß nur

*) Mit einem Stern sind die vollständig erledigten, zur Benutzung im Apparat bereiten Hss. versehen.

noch die Schrift Justinians gegen Origenes hinzugenommen werden, die in allen Hss. den Schluß der Sammlung bildet. Die Akten der beiden Konzile, die ja keine oekumenischen waren und nur irrtümlich in den Hss. mit dem 5. oekumenischen Konzil verwechselt werden, sind nur ein Teil einer sehr merkwürdigen Urkundensammlung, die in den sabbaitischen Klöstern Palaestinas zwischen 536 und 553 zusammengestellt sein muß, um sowohl Monophysiten als Origenisten zu bekämpfen. Über die griechische Überlieferung hat Guenther in den Prolegomena zu seiner Ausgabe der Collectio Avellana [Corp. scriptt. eccles. Latin. t. 35 p. LXIV ff.] gehandelt, doch läßt sich die Zahl der von ihm angeführten Hss. auf drei reduzieren: *Parisin. 418. *Monac. 486. *Vatican. 1179; auch die Handschrift des Athosklosters Iwiron 381 s. XV ist nur ein sehr interpolierter Vertreter der Gruppe des Vat. 1179. Abgesehen von einigen Aktenstücken, die auch im Vatic. 1455 f. 235—242 erhalten sind, existiert nur für das erste Stück der Sammlung, die apokryphen Briefe an den monophysitischen Bischof von Antiochien, Petrus Fullo, eine Nebenüberlieferung im Vat. 1904, von dem einige Blätter, wie A. Mai festgestellt hat, sich in den Vat. lat. 7153 verirrt haben; für einen Brief, den des Quintianus, kommt auch der Vindob. hist. gr. 127 als ein, freilich nicht so wertvoller Vertreter dieser Rezension in Betracht. Durch diese Seitenüberlieferung, die der Collectio Avellana sehr nahe steht und die übrigen Hss. fast in jedem Satze berichtigt, erhält die Kritik der merkwürdigen Fälschungen, die kaum nach 518 entstanden sind, eine neue Grundlage. Da die in den Akten des Konstantinopeler Konzils von 536 enthaltenen Briefe von Papst Hormisda sich lange nicht in dem Maße von der Collectio Avellana entfernen, muß angenommen werden, daß jene Briefe schon dem Redaktor der Sammlung in schwer entstellter Form vorgelegen haben; da ferner die Collectio Avellana, der Vat. 1904 und die Sammlung in Sachen des Monophysitismus nicht durchweg dieselben Briefe und nicht in gleicher Anordnung enthalten, können sie nicht von einem Autor herrühren; es müssen sich vielmehr an einen Kern Weiterführungen und Fortsetzungen der Fälschung angeschlossen haben. Entstanden ist diese sicher in Konstantinopel. Ich bemerke schon hier, daß die von Merlin in der ältesten gedruckten Konziliensammlung [Paris 1524] veröffentlichte lateinische Übersetzung dieser Sammlung ein junges und wertloses Produkt ist; sie stimmt stets mit der Überlieferung des Paris. 418 überein und bietet, so weit ich sehe, nirgends eine Berichtigung des griechischen Textes, ein bei lateinischen Übersetzungen von Konzilsakten unerhörter Fall. Es kann daher von ihr abgesehen werden. Da das griechische Material vollständig beisammen ist, kann diese Sammlung zuerst veröffentlicht werden: ein Teil des Manuskripts für die Ausgabe ist schon fertig gestellt.

4. Konstantinopel 680/1 [6. oekumenische Synode]. Die Hss. gehen alle

zurück auf eine Abschrift, die der Patriarch Johannes im Jahr 713 von den Originalakten, die er vor der Zerstörung durch den Usurpator Vardanes bewahrt hatte, durch den Diakon und Chartophylax der Hagia Sophia Agathon herstellen ließ und dem Papst Konstantin nach Rom schickte. Sie zerfallen in zwei Gruppen. Die erste besteht aus dem Ven. 166, aus dem Ottobon. 28 abgeschrieben ist, und dem *Monac. 186. Die zweite wird durch junge Abschriften eines alten, durch Blattausfall und sonstige Verletzungen arg beschädigten Exemplares gebildet, das um 1500 nach Italien gelangte und dort verloren ging. Die Abschriften lassen sich wiederum in zwei Gruppen zerlegen: 1. *Mon. 198. *Mailand Brera A F X 47. Vat. 833 (aus dem Ottob. 370 abgeschrieben sein dürfte). Bologna Bibl. comm. A I 11]. 2. Vat. 834. Vat. 1180. Vallicell. C 8. Vindobon. hist. gr. 32 [interpoliert und wertlos]. Regin. 55.

Zu dieser Synode gehört die sie vorbereitende Lateransynode von 649. Die griechische Übersetzung ihrer Akten ist in einer Hs. erhalten, dem Vatic. 1455, aus dem Barberin. 529. Mon. 207. Ambros. 1058 abgeschrieben sind.

5. Nicaea 787 [7. oekumenische Synode]. Über die Hss. dieser Akten kann ich bis jetzt nur sagen, daß

1. der alte Vat. 836 s. XI eine besondere Rezension bildet;
2. Vat. 834. 1181. Mailand Brera A F X 47 Parallelhss. sind, von denen die dritte wertlos ist.
3. Ven. 166 das Original von Ottob. 27 und sehr wahrscheinlich auch von Lawra Θ 215 ist. Über den Scorial. Ψ II 14 und den Athous des Xenophonklosters 14 ist mir noch nichts bekannt.

6. Konstantinopel 869 [s. g. 8. oekumenische Synode]. Der griechische Text der Akten ist nur in einem Auszug bekannt; soweit ich sehe, ist dieser nur im Ven. 167 erhalten, aus dem direkt oder indirekt Monac. 436. Ottobon. 27. Mon. 27. Vat. 1183 geflossen sind. Unbekannt sind mir noch geblieben die schon bei der 7. Synode erwähnte Athoshandschrift aus dem Xenophonkloster 14, eine Hs. des Klosters in Kosinitza, die Papadopulos Ἑλλην. φιλολ. συλλ. παράρτησ. t. 17, 42 oberflächlich beschrieben hat, und Oxon. Laud 26 [1584 geschrieben, schwerlich von Wert].

7. Konstantinopel 879 [Synode des Photius]. Über die Gruppen der recht zahlreichen Hss. kann ich noch nichts Bestimmtes sagen; Vat. 1183. Mon. 27. Ottob. 27 werden ebenfalls aus dem Ven. 167 abgeschrieben sein.

Viel größere Schwierigkeiten stehen der Beschaffung des lateinischen Materials entgegen. Die Massen lateinischer Hss., der Mangel gedruckter, brauchbarer Kataloge, die Zerstreuung so wichtiger Bibliotheken wie des Pariser Jesuitenkollegs und der Bibliothek von St. Pierre in Beauvais u. a. m., stellen einer auch nur annähernd vollständigen Inventarisierung fast unübersteigliche Hindernisse in den Weg. Für die belgischen Klosterbibliotheken ist in Professor Bidez in Gent ein vorzüglicher Mitarbeiter gewonnen; aber das hilft dem Mangel im Ganzen nicht ab. Am schlimmsten ist, daß sich eine Durcharbeitung der alten Dekretaliensammlungen nicht wird vermeiden lassen; die Vorarbeiten der Ballerini und Maaßens verlangen dringend eine Fortführung, die aber die Grenzen des Konzilienunternehmens zu sprengen droht. Ich muß mich hier auf das Wenige beschränken, das ich bisher für die Übersetzungen der Akten zusammengebracht habe, indem ich die Angaben Maaßens als bekannt voraussetze.

1. Ephesus. Der Veronensis 22 ist von mir photographiert, ebenso die hierhergehörigen Stücke aus Veron. 59, ferner ist Vindobon. 489 [die 'salzburger Hs.'] erledigt. Der — junge — Vatic. 1320 'gehört tatsächlich wie Maaßen [732] vermutet, zu der Gruppe der salzburger Hs.

Das Synodicon Casinense muß in die Sammlung mitaufgenommen werden, umso mehr als es nach einer glänzenden Vermutung des ausgezeichneten russischen Kirchenhistorikers Bolotow von Rusticus, dem Bearbeiter der Akten von Chalcedon, offenbar bei Gelegenheit des Dreikapitelstreits zusammengestellt ist.

2. Chalkedon [Maaßen 737 ff.]

a) Cod. Novar. XXX f. 20—34 ist von mir photographiert; auch die darauf folgende sehr wichtige Appellation des Eutyches an Papst Leo mit einer großen Sammlung von Aktenstücken und Exzerpten, die von Amelli in 'Papa Leone Magno e l'Oriente' veröffentlicht ist.

b) Cod. Notre-Dame 88 = Paris. 16832 ist erledigt. Zu den beiden von Maaßen aufgeführten Hss. dieser Sammlung kommt noch der Barberin. 680 hinzu.

c) Ambros. E 147 sup. + Vat. 5750 sind eine bobbienser Hs. des 7./8. Jahrh., übel zugerichtet, da sie ein Palimpsest ist, in dem unter dem Text der chalkedonischen Akten Fronto und Cicero stehen. Veron. 58 ist von mir photographiert; die Hs. ist durch Wasser böse mitgenommen. Ferner ist Montpellier 58 erledigt. Cod. Chisianus 483 [nicht 463, vgl. Ballerini, opp. S. Leonis t. II 1519] war in der Chisiana nicht aufzufinden.

Zu Chalkedon gehören 1. der Codex encyclius; 2. die veroneser Sammlung in Sachen des Acacius. Der Veron. 22 ist von mir photographiert. Über die Sammlung in Sachen des Monophysitismus s. o.

3. Konstantinopel 553. Ein kleines Frg. im Paris. 2123 kommt zu den einzigen beiden Hss., die Maaßen aufführt, hinzu. Die von Baluze benutzte Hs. von Beauvais ist noch nicht wiedergefunden, die des Collège Clermont wohl definitiv als verloren anzusehen.

Die Collatio cum Severianis ist durch die wichtige, von Maaßen nicht beschriebene Sammlung des Parisin. 1682 erhalten.

4. Konstantinopel 680/681. Die Hs. von Beauvais ist als Paris. nouv. acquis. 1682 wieder aufgetaucht; ich verdanke den Nachweis dem Spürsinn des Bibliothekars Dr. Jacobs in Berlin (jetzt in Freiburg). Die von Maaßen aufgeführten Codd. Vaticani [1325—1328] sind jung, s. XV, ebenso der Ambros. E 79 inf. Dagegen gehören die Maaßen [d. h. den Ballerini] unbekannt gebliebenen Hs. Ambros. M 67 sup. und Venet. 163 dem 12. Jahrh. an. Vindobon. 418 ist erledigt.

Freiburg i. B., 24. Juni 1912

E. Schwartz

Nachschrift. Ich habe die Korrektur des Berichts in Rom gelesen, wo ich die lateinischen Bestände der Vaticana durchgesehen habe; die, z. T. wenigstens, sehr reichen Ergebnisse, die u. a. die Handschriften der lateinischen Akten des Laterankonzils von 649 und der Übersetzungen des Anastasius von der 7. und 8. oekumenischen Synode nachweisen werden, müssen einem besonderen Bericht vorbehalten bleiben.

Rom, Oktober 1912

E. S.

Bericht über das Sammelbuch griechischer Urkunden aus Ägypten.

Erstattet von Friedrich Preisigke.

Die Vorarbeiten zur Herstellung des Sammelbuches griechischer Urkunden aus Ägypten (vgl. Jahresbericht IV) sind im letzten Jahre rüstig gefördert worden. Das Sammelbuch wird alle in Zeitschriften und Einzelabhandlungen erschienenen Urkunden in sich vereinigen, sowohl Papyri als auch Ostraka, Inschriften, Mumienschilder usw. Alle diese Urkunden waren bisher wegen ihrer Verstreutheit nicht immer leicht erhältlich, auch waren sie inhaltlich der Forschung nur mit Mühe zugänglich, weil es einen sie umfassenden Index nicht gab. Durch das Fehlen eines solchen Index ist jene Urkundengruppe scharf unterschieden von einer zweiten Gruppe, die in selbständigen Ausgaben, jedesmal versehen mit Indizes, veröffentlicht worden ist (für die Inschriften z. B. CIGr. III und Dittenberger, Or. gr. inscr., für die Ostraka z. B. Wilcken, Griech. Ostraka aus Ägypten und Nubien, für die Papyri z. B. BGU. und P. Oxy. usw.). Die zweite Gruppe bleibt für das Sammelbuch außer Betracht. Die in das Sammelbuch zu übernehmende erste Gruppe wird mit umfassenden Indizes ausgestattet werden, sodaß alsdann die erste Gruppe der zweiten gleichstehen wird.

Das Sammelbuch bringt nur die Texte, wobei die nachträglich bekannt gewordenen Berichtigungen berücksichtigt werden. Kommentare bringt das Sammelbuch nicht; in dieser Hinsicht bleibt der Wert der Erstdrucke nach wie vor bestehen.

Die druckfertig vorliegende Handschrift des Sammelbuches umfaßt jetzt 5000 Urkunden aller Art; da das Sammeln noch fortschreitet, wird sich die Zahl der Urkunden bis zum Abschlusse der zunächst herauszugebenden Bände noch erheblich vermehren. Mit der Drucklegung ist kürzlich begonnen worden; die drei ersten Bogen liegen gedruckt vor. Es sollen zunächst zwei Bände erscheinen, welche die Gesamtmasse der Urkunden enthalten; ein dritter Band soll die Indizes aufnehmen.

Die Urkunden des Sammelbuches werden weder nach inhaltlichen, noch nach zeitlichen oder örtlichen Gesichtspunkten geordnet, sondern folgen wahllos aufeinander. Dieses Verfahren bietet bei Herstellung der Handschrift große Vorteile, weil während des Arbeitens fortgesetzt neue Urkunden hinzutreten und auch künftig noch hinzutreten werden. Der für den Leser daraus entstehende Nachteil wird dadurch wieder ausgeglichen, daß der dritte Band — abgesehen von den verschiedenartigen Wörterlisten ebendaselbst — den gesamten Urkundenbestand des Sammelbuches in getrennten Übersichten nach Inhalt, Zeit und Ort zergliedert. Ferner bringt der dritte Band eine Übersicht der Zeitschriften in Verbindung mit einer alle Urkunden umfassenden Vergleichstafel sowie eine Übersicht der Herausgeber.

Die Drucklegung des Gesamtwerkes wird sich voraussichtlich noch etwa ein Jahr hinziehen.

Straßburg im Elsaß, September 1912.

Fr. Preisigke

Bericht über den Index zu den Novellae ad Theodosianum pertinentes.

Erstattet von Otto Gradenwitz.

Durch Theodor Mommsen, Paul Krüger und andere Gelehrte in den Besitz zureichender Ausgaben der römischen Rechtsquellen gesetzt, bedarf die Wissenschaft jetzt auch zureichender Indizes zu diesen Ausgaben. Für die Digesten hat Mommsen sogleich nach Vollendung seiner Ausgaben einen vollständigen Wortindex herstellen lassen, auf dessen Grundlage das nunmehr zur Hälfte vollendete Vocabularium Juris Prudentiae Romanae ausgearbeitet wird. — Ein komplizierter Wort-Index zum Theodosianus ist unter der Aegide der Heidelberger Akademie vor 3 Jahren in Angriff genommen worden und liegt jetzt im Hauptexemplare vor. Als Ergänzung empfiehlt sich ein Index zu den Novellae ad Theodosianum pertinentes um so mehr, als ein Index für den Codex Justinianus (von einem Prager Gelehrten) bereits hergestellt wird. — Durch die v. Tuhrsche Spende in den Stand gesetzt, den Novellen-Index, dem die treffliche Ausgabe von Paul M. Meyer als Grundlage dient, anfertigen zu lassen, hat unsere Gesellschaft es mir übertragen, dies Unternehmen in die Wege zu leiten, worauf ich, eben wie bei dem Index zum Theodosianus, die Verzettelung an Königsberger Heimarbeiterinnen vergeben habe, um sodann die feinere Ordnung Straßburger Studierenden vorzubehalten. Der gegenwärtige Stand der Arbeit ist folgender: Die etwa 40000 Worte sind durch die Königsberger Heimarbeiterinnen auf einzelne Zettel mit Angabe des Standortes in der Novellensammlung geschrieben worden: Die Kontrolle dieser Arbeit hat in selbstloser Güte Frau Professor Schellwien dem Verein und der Sache zu Liebe geleistet. Demnächst wurden die Worte nach den ersten zwei Buchstaben alphabetisch geordnet. Diese Arbeit wurde durch Frl. Martha Schulz geliefert, die sich bereits beim Index zum Theodosianus bewährt hatte. Danach wurde das Material nach Straßburg geschafft, wo es durch den von Herrn Keil hierfür benannten stud. phil. Herrn M. Kastor weiter bearbeitet werden soll. Die Kosten belaufen sich einschließlich derjenigen für das Zettelmaterial und die Versendung bis jetzt auf ungefähr 700 Mark.

FSC
www.fsc.org
MIX
Papier | Fördert gute Waldnutzung
FSC® C083411

Kolibri 360 GmbH
Ferdinand-Jühlke-Straße 7
99095 Erfurt, Deutschland
produktsicherheit@kolibri360.de